跟著陸蟹的腳步，開始我們的故事……

蟹謝您
台26線愛的守護

序　言

前往海邊釋幼的日子就要到了。

看著肚子上一顆顆像珍珠般的卵，蟹媽媽感到既緊張又期待……

過去由於陸蟹面臨棲地被開發與破壞，讓原本只是到海邊釋幼的蟹媽媽命運，從此發生了翻天覆地的變化。每年仲夏月圓期間，她們必須經過危機四伏的環境，通過驚險萬分的生存闖關挑戰，才有機會到達海邊，孕育新生命。

《蟹謝您 台26線愛的守護》以此真實事件為主題，用愛守護與真誠感謝的角度，刻劃一段溫暖而美好的故事。

主角（陸蟹媽媽）為了繁育下一代，歷經勇敢闖關打怪的歷程，親身體驗守護者們暖心的生態工法等協助，才順利完成使命。本書為貼近孩子們的學習經驗，以「闖關」的情節介紹陸蟹面臨的困境及考驗，讓孩子們更能深刻體會，每一隻小小陸蟹的生命都來之不易。

期許大家在閱讀完後，能增添對台26線的自然景觀和生態更多的認識，從中除能學習尊重生命外，也能更積極守護像陸蟹這樣已瀕臨生存危機的寶貴生命。

交通部公路總局第三區養護工程處 處長 吳昭煌

3

導讀

　　位於屏東縣的恆春半島，在臺灣最南端，三面環海，生態環境完整多樣，墾丁國家公園在此設立，是臺灣第一座國家公園。墾丁因熱帶海岸林蒼翠茂密，棲地豐富多樣，有些地方還有珍貴的湧泉資源，陰涼潮濕，食物充足，加上擁有完整的珊瑚礁生態系，成為多種生物棲息的樂園，也包含了陸蟹。

　　台26線（香蕉灣至砂島）路段，是全臺灣陸蟹種類最多的海岸林，學者們已在此調查到超過30種陸蟹。然而，因為人類交通的需求，省道台26線直接貫穿這片森林。不只使棲地面積縮小，更使陸蟹活動的過程中容易被車輛壓死，再加上其他的

台_{ㄊㄞ}26線_{ㄒㄧㄢ}陸_{ㄌㄨ}蟹_{ㄒㄧㄝ}熱_{ㄖㄜ}點_{ㄉㄧㄢ}分_{ㄈㄣ}布_{ㄅㄨ}

威_{ㄨㄟ}脅_{ㄒㄧㄝ}，造_{ㄗㄠ}成_{ㄔㄥ}陸_{ㄌㄨ}蟹_{ㄒㄧㄝ}數_{ㄕㄨ}量_{ㄌㄧㄤ}大_{ㄉㄚ}幅_{ㄈㄨ}減_{ㄐㄧㄢ}少_{ㄕㄠ}。其_{ㄑㄧ}中_{ㄓㄨㄥ}的_{ㄉㄜ}毛_{ㄇㄠ}足_{ㄗㄨ}特_{ㄊㄜ}氏_ㄕ蟹_{ㄒㄧㄝ}（舊_{ㄐㄧㄡ}名_{ㄇㄧㄥ}：毛_{ㄇㄠ}足_{ㄗㄨ}圓_{ㄩㄢ}盤_{ㄆㄢ}蟹_{ㄒㄧㄝ}）因_{ㄧㄣ}為_{ㄨㄟ}體_{ㄊㄧ}型_{ㄒㄧㄥ}碩_{ㄕㄨㄛ}大_{ㄉㄚ}，成_{ㄔㄥ}為_{ㄨㄟ}香_{ㄒㄧㄤ}蕉_{ㄐㄧㄠ}灣_{ㄨㄢ}備_{ㄅㄟ}受_{ㄕㄡ}矚_{ㄓㄨ}目_{ㄇㄨ}的_{ㄉㄜ}物_ㄨ種_{ㄓㄨㄥ}之_ㄓ一_ㄧ。本_{ㄅㄣ}書_{ㄕㄨ}即_{ㄐㄧ}以_ㄧ陸_{ㄌㄨ}蟹_{ㄒㄧㄝ}到_{ㄉㄠ}海_{ㄏㄞ}邊_{ㄅㄧㄢ}生_{ㄕㄥ}小_{ㄒㄧㄠ}孩_{ㄏㄞ}的_{ㄉㄜ}故_{ㄍㄨ}事_ㄕ，告_{ㄍㄠ}訴_{ㄙㄨ}大_{ㄉㄚ}家_{ㄐㄧㄚ}，他_{ㄊㄚ}們_{ㄇㄣ}的_{ㄉㄜ}生_{ㄕㄥ}存_{ㄘㄨㄣ}危_{ㄨㄟ}機_{ㄐㄧ}有_{ㄧㄡ}多_{ㄉㄨㄛ}嚴_{ㄧㄢ}峻_{ㄐㄩㄣ}。

溪
力
保
港
口
溪

港口溪仔口港口北岸
港口溪仔口港口南岸
台26線51K海岸
風吹砂湧泉
青蛙石
香蕉灣
砂島
鵝鑾鼻

炎熱的夏天，好不容易下了
一場大雨。大雨過後，在陸
蟹婦產科待產的蟹媽媽們，
從蟹洞中探出頭來。

「明天就是妳們的大日子！」
蟹醫生宣布。
看著肚子上數以萬計的卵粒，
蟹媽媽們面有難色。「一想到要挺著
大肚子過馬路，我就好害怕！」
「我擔心我們還沒把寶寶送到海邊，
就先被車子壓死了。」

8

生產闖關

「只要通過『生產闖關』，
一定沒問題！」
「首先要先試試妳們
的膽量，就是
要⋯⋯」

「穿越馬路！」蟹媽媽早就把口訣背熟了。

「沒錯！」蟹醫生點點頭。

「路上會實施『十分減速慢行，十分蟹謝您』定時封路的交通管制，讓妳們可以安全通過馬路。」

「有些蟹媽媽會走另一條特別的地下通道，」蟹醫生又說，「可以避開危險的車輛。但裡面有一點黑，有時候會看不清楚方向，有時候又會有大水，不太好走，但目前已經有守護者們正在想辦法改善。」

「太好了，那或許以後可以給大家多一個通往海邊的選擇！」蟹媽媽開心的說。

「接下來！」蟹媽媽們同聲
說：「防備敵人。」
「越靠近終點，越要留意！」

蟹醫生提醒大家，「小心
黃瘋蟻乘虛而入，還有那些
在沿路對妳們虎視眈眈的掠食者。」

為了寶貴的小生命，蟹媽媽們鼓起勇氣，決定一起闖關。

「加油！」蟹爸爸不捨地跟蟹媽媽道別，「我等妳。」

這天晚上，溫柔的月光從枝葉間灑落下來。蟹媽媽一步一步往海的方向前進。少了車輛的威脅，讓他們可以更安心地走向前。

馬路上沒有刺眼的車燈，也沒有車輛疾行而過的尖銳噪音。這些來自守護者的改變讓蟹媽媽們覺得好貼心。

「終於到了！」

聽到海浪的聲音，蟹媽媽們帶著
飽滿成熟的卵，向海裡走去。
當她們進入沁涼的海水時，就
奮力抖動身體，一隻隻蟹寶
寶破卵而出，進入大海。
這個過程叫做釋放幼
蟲或釋放幼體，簡
稱釋幼。

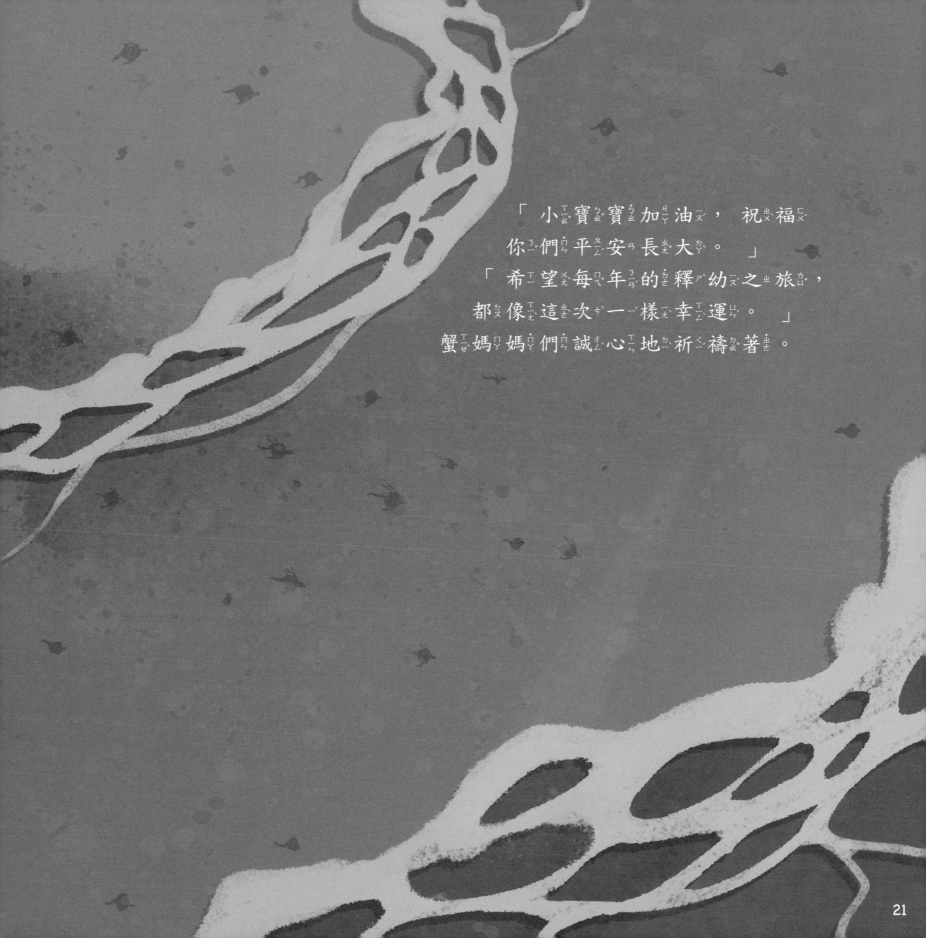

「小寶寶加油，祝福
你們平安長大。」
「希望每年的釋幼之旅，
都像這次一樣幸運。」
蟹媽媽們誠心地祈禱著。

21

存活下來的幸運兒， 以隨波逐流的方式在海洋中覓食， 展開牠的浮游生物階段。 第一期的幼蟲， 有個專有名詞， 叫做蚤狀幼蟲。

蚤狀幼蟲經過多次脫殼後，
進入最後一期 ── 大眼幼
蟲，開始往海岸遷移。

大眼幼蟲再蛻一次殼就成為稚蟹，他們正努力沿著潮間帶爬行至海岸林中，終於回到陸地了！

迷你的稚蟹進入香蕉灣海岸林，
這裡有許多落葉和落果可以吃，
又有潮濕的土壤可供挖洞棲息。
這些稚蟹就在這片森林裡持續成
長茁壯。

又是新的一年繁殖季節到來，蟹媽媽們以感恩的心互相打氣加油。

「生產闖關雖然很危險，但是我們懷中每一個孩子，都是帶著祝福成長及上岸的！」

「謝謝守護者們幫忙，讓我們的生命一直延續下去！」

生產闖關

陸蟹小百科

　　陸蟹是一群離水生活的螃蟹，不過，仍然需要棲息在潮濕的環境，如森林底層、樹洞、河岸等。雖已離水生活，但牠們的寶寶必須在海水中才能成長，因此陸蟹媽媽必須經過一段遷徙過程，把寶寶釋放到海水裡。這個過程稱為「釋幼」（larval release），陸蟹媽媽在水中用盡全力抖動身體，數以萬計的蟹寶寶破卵而出，展開新生命。

恆春半島常見的陸蟹種類

椰子蟹 (*Birgus latro*)

■生物習性

椰子蟹會用雙螯剝開掉落在沙灘上的椰子，取食裡面的椰肉而得此名。頭胸甲前盾長可達 7 公分，白天常躲在海岸林的洞穴中或珊瑚礁岩洞下，夜晚出來覓食。

■分布

椰子蟹廣布於印度洋和太平洋的熱帶島嶼。在臺灣主要分布在東海岸、恆春半島，以及綠島、蘭嶼、小琉球。臺灣本島已經很難發現椰子蟹，蘭嶼和綠島的椰子蟹數量也大幅減少。

■保育現況

椰子蟹是臺灣唯一列入保育類的甲殼類動物，禁止捕捉。因為容易遭人為獵捕，加上棲地被破壞，所以數量正迅速減少中。

毛足特氏蟹 (*Tuerkayana hirtipes*)

■ 生物習性

擅長挖洞居住，夜間較常出來覓食，多數個體頭胸甲寬為 5 ～ 8 公分，主要以落葉、落果為食。每年夏天是主要的生殖季，到了秋天也會有生殖個體，這段時間的母蟹都會集體往海岸線移動。

■ 分布

毛足特氏蟹分布於印度洋至西太平洋地區。在台灣，以高雄壽山西海岸、恆春半島，以及東海岸的海岸林較易發現其蹤跡。

■ 保育現況

在繁殖季節期間，母蟹在香蕉灣地區抱卵，回海產卵時會通過台 26 線。目前研究人員正設法使用新的生態友善工法與其他配套措施來避免這些憾事。

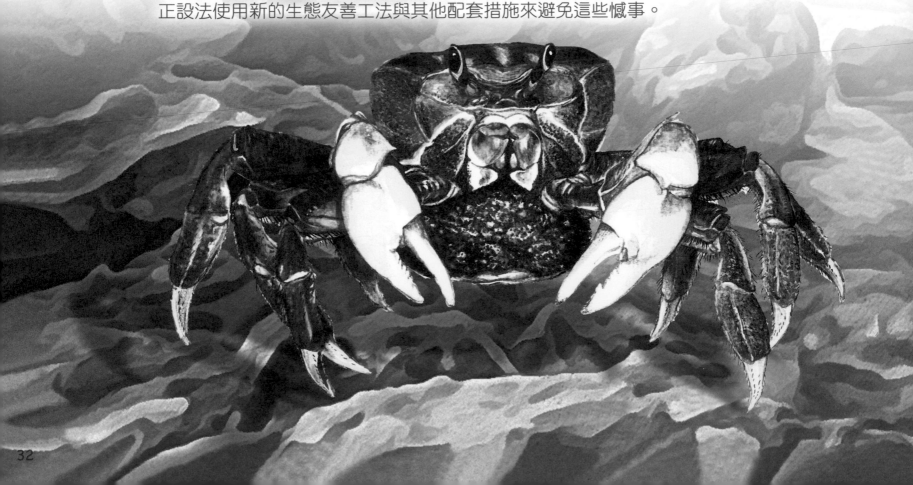

凶ㄒㄩㄥ狼ㄌㄤˊ圓ㄩㄢˊ軸ㄓㄡˊ蟹ㄒㄧㄝˋ (*Cardisoma carnifex*)

■ 生物習性

凶狼圓軸蟹住在陸地、灌木叢或防風林底部。頭胸甲寬可達 10 公分，多數個體為 6 ～ 8 公分，善於挖洞居住，洞穴很深，最高紀錄是 1.5 公尺深；會在洞口築煙囪狀的小土堆。夏季雨後常出現。

■ 分布

凶狼圓軸蟹廣布印度洋至西太平洋地區，在臺灣西海岸，都可發現其蹤跡。常棲息於海岸、河口、海岸林、土堤、魚塭岸、灌叢下方等處。

■ 保育現況

每年母蟹降海釋幼遷徙時，經常可見遭路殺的情形，也被人類捕捉食用，或作為釣餌。

帝ㄉㄧˋ王ㄨㄤˊ仿ㄈㄤˇ相ㄒㄧㄤˋ手ㄕㄡˇ蟹ㄒㄧㄝ (*Sesarmops imperator*)

■ 生物習性

喜愛有水流處，以夜間活動為主。多數個體頭胸甲寬為 3 ～ 4 公分。此蟹較為兇悍，遇到驚嚇經會高舉雙螯威嚇。

■ 分布

帝王仿相手蟹分布於東亞，在臺灣常見於東部沿岸和恆春半島。主要生活於溪流下游或 河口處。

■ 保育現況

帝王仿相手蟹分布廣，適應環境和攀爬能力皆強，在各地的族群量都還算穩定。

黃_{ㄏㄨㄤ}灰_{ㄏㄨㄟ}澤_{ㄗㄜ}蟹_{ㄒㄧㄝ} (*Geothelphusa albogilva*)

■ 生物習性

黃灰澤蟹屬於淡水的陸蟹，卵可以直接發育，孵出小蟹，因此不須到海邊釋幼，可生活在較內陸的環境。多數個體頭胸甲寬為 3～4 公分。

■ 分布

黃灰澤蟹是臺灣特有種，分布於山溝旁的土質洞穴中。

■ 保育現況

主要面臨的危機是棲地破壞，偶爾也被人為捕捉，造成族群規模的縮小。

陸蟹 Q&A

Q1 陸蟹為什麼經常在月圓前後繁育下一代呢？

A1 各種陸蟹的生殖策略相當複雜，且每個種類不盡相同，只有部分陸蟹可能是依循滿月的光周期去釋幼，如毛足特氏蟹。

Q2 陸蟹面臨什麼危機？

A2 ● 路殺

為了交通便利，人類興建海岸公路，導致陸蟹棲地破碎化，使得母蟹在降海釋幼的路程中，必須穿越馬路，才有機會抵達海邊。途中極可能遭受車輛輾壓，發生路殺的悲劇。

● 人為開發與棲地破壞

陸蟹經常棲息於近海或溪河邊，但這些環境也非常容易被人類的工程以及農業活動破壞。這些破壞經常是不可逆的，即使周圍還有陸蟹族群，也因為棲息環境已被人類改變，陸蟹也不會再來居住。

● 外來入侵種——黃瘋蟻的

黃瘋蟻適應環境能力強，足跡遍布全世界。陸蟹經常棲息在水邊，但水邊經常會有水利設施或被開墾為農耕地，使這些陸蟹的棲息地常被人造物破壞。黃瘋蟻分泌的蟻酸，能使陸蟹眼瞎，也會透過關節膜滲透進入其體內，使陸蟹逐漸衰弱死亡。

Q3 陸蟹的一生會經過幾個階段呢？

A3 依據生活史模式，陸蟹可分兩大群，第一為海洋性，即幼體必須在海裡成長。此類陸蟹的生活史依序為蚤狀幼體、大眼幼體、稚蟹、成蟹。另一類陸蟹的幼體不需要在海裡成長，特稱為陸封性，生活史只有稚蟹與成蟹之分。

Q4 陸蟹是海洋生物還是陸地生物？

A4 海洋性的陸蟹（見 Q3）小時候在海洋中生活，成蟹棲息於陸地，因此陸蟹既屬於海洋，也屬於陸地陸封性的陸蟹（見 Q3）則屬陸地生物。

Q5 陸蟹可以吃嗎？

A5 陸蟹常取食糞便、屍體等不潔食物，可能也會因為吃有毒食物導致體內含有毒素，因此不建議食用。

Q6 在馬路上看到陸蟹時，該怎麼辦？

A6 先確定自身安全，趁沒車的時候，趕緊將陸蟹驅趕到路邊的草地或樹林裡，引導使其鑽入其中。

Q7 除了台 26 線，還可以在哪裡看到陸蟹？

A7 臺灣海岸公路，如車城外環道、花東台 11 線、北部台 2 線，以及蘭嶼、綠島、小琉球的環島公路，只要緊鄰海岸或河口，都有機會看到陸蟹出現。

Q8 如果撿到陸蟹可以帶回家飼養嗎？

A8 根據《野生動物報育法》第 18 條，保育類野生動物應予保育，不得騷擾、虐待、獵捕、宰殺或為其他利用。 依據《國家公園法》，不得捕捉陸蟹等野生動物，違規者將罰三千元。且由於一般人無法提供給他們完整的生活照顧，為了不破壞自然生態平衡，也為了好好守護陸蟹，如果拾獲，也請在野外觀察即可，不要攜回飼養。

後記

陸蟹守護者　暖心方案

為了確保陸蟹資源永續存在，相關單位號召各界專家與志工，一起展開「守護陸蟹」行動：

方案 1

道路設置護蟹警示標誌

路殺是造成陸蟹數量大幅減少原因之一，交通部公路總局在陸蟹最常出沒的香蕉灣路旁設立「陸蟹出沒，減速慢行」的警告牌，呼籲駕駛人放慢行車速度。

方案 2

護蟹「停十走十」交管措施及生態宣導

在陸蟹繁殖季高峰期，在省道台 26 線（香蕉灣至砂島）路段執行縮減車道後記 38 措施，將原來的 4 線道縮減為 2 線道，以「十分減速慢行，十分蟹謝您」定時封路的作法，每封路 10 分鐘後，開放內線道通行 10 分鐘，並設置前導車，引導車輛減速，優先讓路給陸蟹通行。

相關單位每年都會舉辦「護蟹過馬路」宣導活動，由志工協助母蟹橫越馬路，並向遊客進行環境教育，平日也會定期巡守，避免遊客捕捉陸蟹。

方案 3

箱涵內配置麻繩梯，引導陸蟹爬行

公路邊有幾個水泥箱涵與下水道，其光滑壁面無法讓陸蟹攀爬。相關單位在箱涵內配置麻繩梯，讓陸蟹多了許多可攀爬和棲息的空間。

方案 4

水溝加蓋及護欄改善

為幫陸蟹完成繁衍任務，減少繞行過遠遭路殺的機率。改為水溝加蓋及護欄透空，為路邊排水溝加蓋，方便通過前往海岸。

以上方案皆為陸蟹守護者們研究規劃中之協助方案，尚有待投入更多研究設計，全力幫陸蟹媽媽順利完成繁衍任務。

參考資料（以下為網站連結）

台江國家公園
https://www.tjnp.gov.tw/

環境資訊中心（5/26 更新）
https://e-info.org.tw/taxonomy/
term/16085
https://e-info.org.tw/

我們的島
https://ourisland.pts.org.tw/

百科知識
https://www.easyatm.com.tw/

國立海洋生物博物館
https://www.nmmba.gov.tw/

荒野保護協會
https://www.sow.org.tw/

臺灣國家公園
https://np.cpami.gov.tw/

墾丁國家公園
https://www.ktnp.gov.tw/
Default.aspx

交通部公路總局
第三區養護工程處
https://thbu3.thb.gov.tw/

月光海岸 ——
墾丁陸蟹生命之旅
https://www.youtube.com/
watch?v=UUPQb4XzG_E&t=1s

謝誌

護蟹工作

主辦單位：墾丁國家公園管理處

協辦單位：保七總隊警察同仁

　　　　　第三區養護工程處

　　　　　第三區養護工程處楓港工務段

　　　　　熱心有愛的護蟹志工們

國家圖書館出版品預行編目(CIP)資料

蟹謝您 台26線愛的守護 / 林郁倩撰文；俞孝宜繪圖 .
 -- 屏東縣潮州鎮：交通部公路總局第三區養護工程處，
 民112.02
 面；公分
 ISBN 978-986-531-460-6 (精裝)
 1.CST: 蟹 2.CST: 自然保育 3.CST: 繪本

387.13   111021876

蟹謝您 台26線愛的守護

發 行 人　吳昭煌

召 集 人　許通盛

審查委員　鄭夙恩、劉烘昌、余兆興

編　　審　郭筱清、簡豪挺、呂博婷、劉茹如、陳萱瑜、黃祉萍、方志緯、李政璋

出版發行　交通部公路總局第三區養護工程處

地　　址　920013 屏東縣潮州鎮光復路 259 號

電　　話　(08)7893456

網　　址　https://thbu3.gov.tw/

撰　　文　林郁倩

繪　　圖　俞孝宜

專書編製　玖樂文創有限公司

出版年月　112 年 2 月

版　　次　出版一刷

定　　價　280 元

GPN 1011200157

ISBN 978-986-531-460-6